倾情推荐

亲爱的小读者，请你想象一下，在浩瀚无垠的蓝色大海深处，有一群特别的勇士，它们不仅能在水下自由穿梭，还能携带强大的武器来保护我们的家园。这些勇士就是核潜艇！

核潜艇的动力来源是核反应堆，核反应堆就像"超级电池"，让核潜艇拥有了惊人的水下续航能力和自持力。

从20世纪50年代开始，我国的科学家和工程师就勇敢地踏上了核潜艇的探索之路。经过无数次的努力和尝试，我们终于拥有了自己的核潜艇。从第一艘"长征一号"到现在的先进型号，每一艘核潜艇都凝聚着无数人的智慧和汗水，是我们国家的骄傲和安全的守护者。

在本书中，你将了解什么是可控链式核裂变反应，核能是如何转化为电能的，核潜艇又是如何依靠核动力在水下长航的。

希望本书能成为一把钥匙，为你打开科学之门，激发你对核动力的兴趣。也希望在不久的将来，你可以为核动力的发展而奋斗！

CNS
中国核学会
Chinese Nuclear Society

中国核动力研究设计院（简称核动力院） 隶属于中核集团，是我国集核动力技术研究、设计、试验、运行、退役全周期和小批量生产为一体的大型核动力科研基地，是国家战略高科技研究设计院。自1965年建院至今，核动力院已经形成包括核动力技术研发设计、核燃料和材料研究、反应堆运行和应用研究、核动力设备集成、核技术应用研究和同位素生产等完整的科研生产体系，是我国唯一成体系的综合性核动力研发机构。其科研实力雄厚，实验设施先进，在我国国防、先进能源开发工业体系和高新技术中，发挥着不可替代的作用。在近60年的发展历程中，核动力院坚持"自主创新，勇攀高峰"，先后设计建造了我国第一代核潜艇陆上模式堆、第一座高通量工程试验堆、第一座脉冲反应堆、岷江堆等多座核设施。通过三次创业，核动力院先后建成了三代国家核动力研发平台，持续提升我国核动力技术水平，为我国国防建设、国民经济、科技创新做出了重大贡献，被誉为"中国核动力工程的摇篮"。

黎 为 中国核动力研究设计院高级工程师。先后从事核动力科研及项目管理工作，长期致力于核能知识的传播与科普。曾出版《小小核讲师》、主持编著《核应急百问》等科普读物，开发青少年核能科普教程，参与多个核能科普课题研究。

张校维 独立插画师，摄影师，CG动画导演，热爱艺术与绘画，喜欢探索不同艺术形式之间的融合，希望通过绘画来传达对生活的热爱。

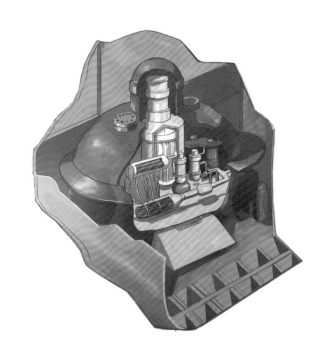

图书在版编目（CIP）数据

核潜艇40夜 / 黎为著；张校维绘. -- 北京：北京科学技术出版社，2024. -- ISBN 978-7-5714-4205-7

Ⅰ. TL99-49

中国国家版本馆CIP数据核字第20248BK131号

策划编辑：吴筱曦	电　　话：0086-10-66135495（总编室）
责任编辑：金可砺	0086-10-66113227（发行部）
封面设计：沈学成	网　　址：www.bkydw.cn
图文制作：天露霖文化	印　　刷：北京盛通印刷股份有限公司
责任印制：李 茗	开　　本：889 mm × 1194 mm　1/16
出 版 人：曾庆宇	字　　数：31千字
出版发行：北京科学技术出版社	印　　张：2.5
社　　址：北京西直门南大街16号	版　　次：2024年11月第1版
邮政编码：100035	印　　次：2024年11月第1次印刷
ISBN 978-7-5714-4205-7	

定　　价：58.00元

中国核动力研究设计院
Nuclear Power Institute of China

核潜艇40夜

黎 为◎著　张校维◎绘

北京科学技术出版社
100层童书馆

核潜艇中的艇员

在核潜艇里，除了艇长、航海长、机电长等部门长外，还有专门为核动力装置服务的反应堆操纵员、主机操纵员等艇员。

这是一个风平浪静的夜晚，
随着艇长一声令下，
整装待命的战士们立刻冲出了军营。

窸窸窣窣……

他们冲到一艘核潜艇面前，顺着梯子跑上"龟背"。

1、2、3……

100 多名艇员通过升降口鱼贯进入核潜艇。
一场军事演习正式开始。

核潜艇如何在水下潜行

核潜艇在水下潜行主要基于浮力和重力相平衡的原理。核潜艇的水舱排水，使自重减少，潜艇上浮；水舱注水，使自重增加，潜艇下沉。操纵员通过调节水舱的水量来控制核潜艇的潜行深度。此外，操纵员还需要控制螺旋桨的转速和方向以控制核潜艇前进的速度和方向。由于海洋环境瞬息万变，操纵员要随时注意调整核潜艇潜行的深度和速度，以适应不同的海况并满足任务需求。

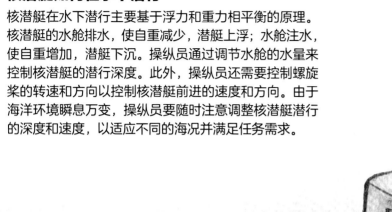

与普通潜艇不同，
核潜艇的动力装置由核反应堆、
循环泵、蒸汽发生器和汽轮机等组成。

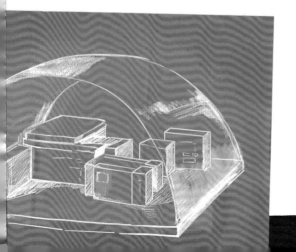

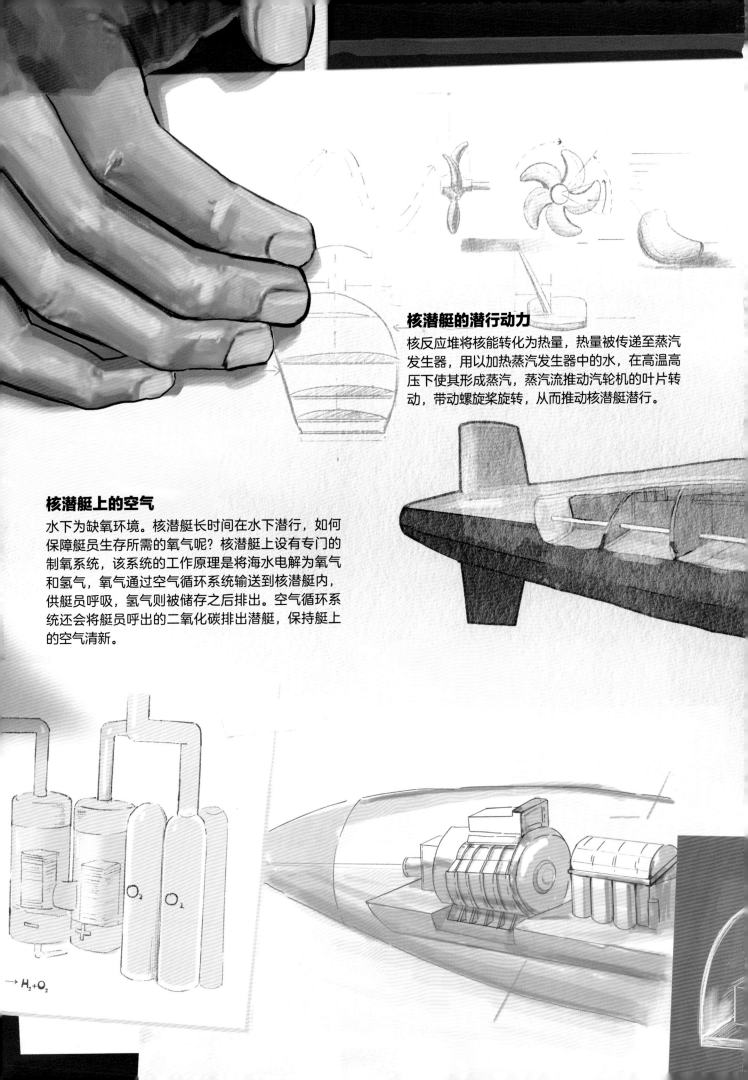

核潜艇的潜行动力

核反应堆将核能转化为热量，热量被传递至蒸汽发生器，用以加热蒸汽发生器中的水，在高温高压下使其形成蒸汽，蒸汽流推动汽轮机的叶片转动，带动螺旋桨旋转，从而推动核潜艇潜行。

核潜艇上的空气

水下为缺氧环境。核潜艇长时间在水下潜行，如何保障艇员生存所需的氧气呢？核潜艇上设有专门的制氧系统，该系统的工作原理是将海水电解为氧气和氢气，氧气通过空气循环系统输送到核潜艇内，供艇员呼吸，氢气则被储存之后排出。空气循环系统还会将艇员呼出的二氧化碳排出潜艇，保持艇上的空气清新。

O_2 O_2

$\rightarrow H_2 + O_2$

随着螺旋桨开始转动，
核潜艇像鲸鱼一般无声地游向大海。

"开始下潜！"

艇长下达指令，核潜艇开始一边前行，
一边下潜，最终消失在了汪洋大海之中。
很快，海面又恢复了平静，
夜幕下似乎什么也没有发生。

10 米，
20 米……

核潜艇越潜越深，

当潜入海平面以下 80 米时，便不再下潜。

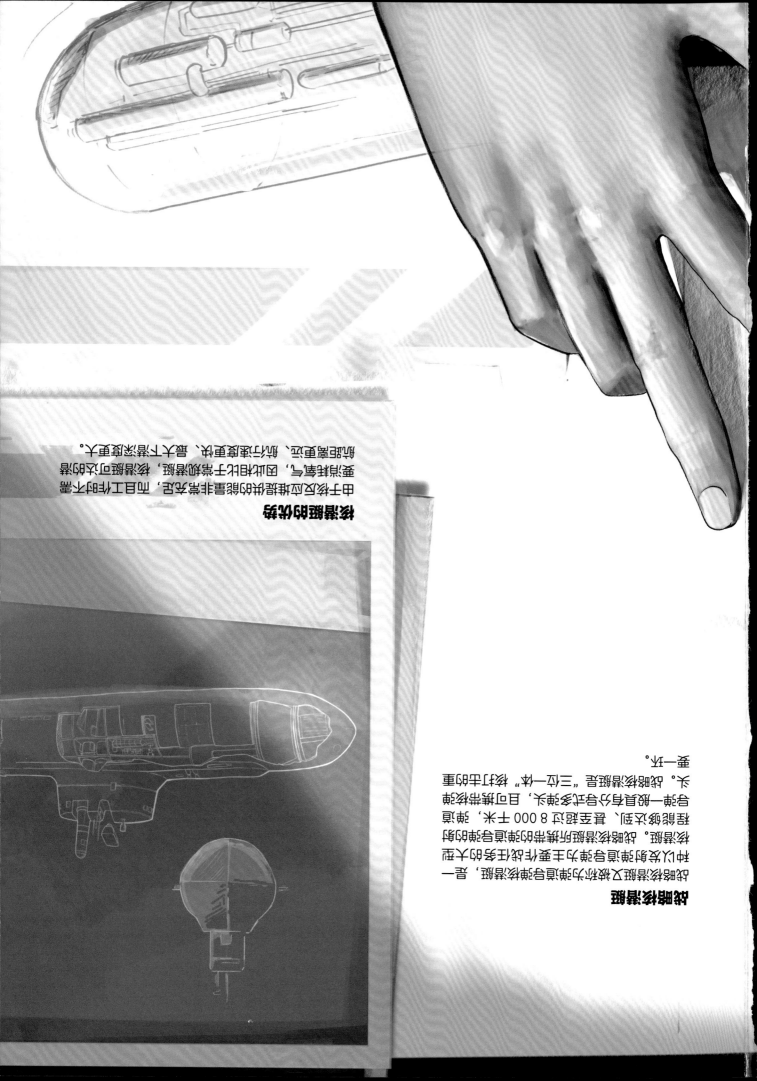

按照核潜艇

按照核潜艇又被称为弹道导弹核潜艇，是一种以发射弹道导弹为主要作战任务的大型核潜艇。按照核潜艇所携带的弹道导弹的射能够很大，射程能高达8 000千米，而且可携带多种弹道导弹，甚至有的导弹可搭载"三位一体"核打击的重要一环。

核潜艇的优势

由于核反应堆提供的能量非常充足，因此核反应可以持续提供动力，核潜艇可以长时间高速航行。与普通潜艇相比，核潜艇的动力更足，续航能力更强，载人下潜速度更更大。

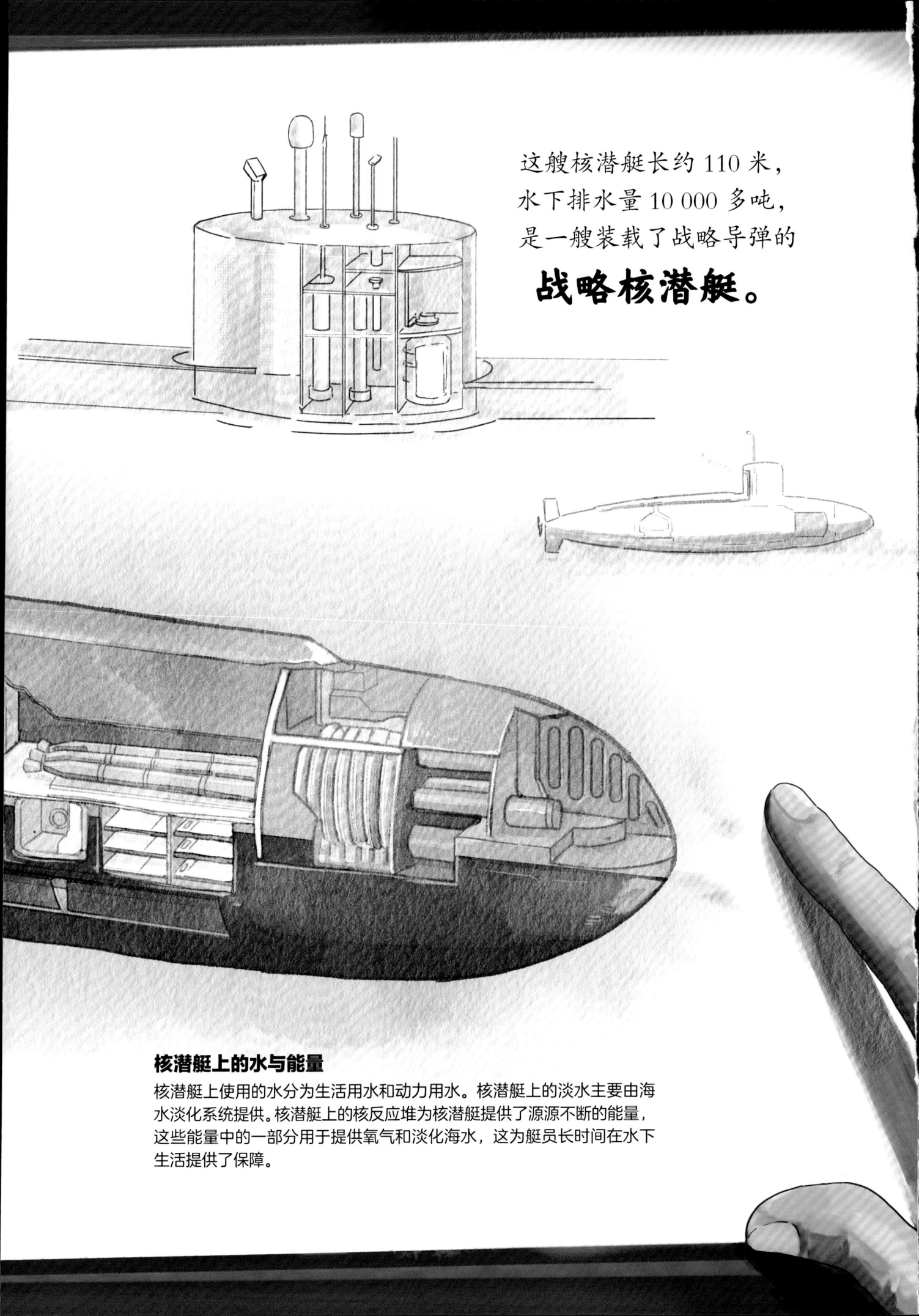

这艘核潜艇长约 110 米，水下排水量 10 000 多吨，是一艘装载了战略导弹的

战略核潜艇。

核潜艇上的水与能量

核潜艇上使用的水分为生活用水和动力用水。核潜艇上的淡水主要由海水淡化系统提供。核潜艇上的核反应堆为核潜艇提供了源源不断的能量，这些能量中的一部分用于提供氧气和淡化海水，这为艇员长时间在水下生活提供了保障。

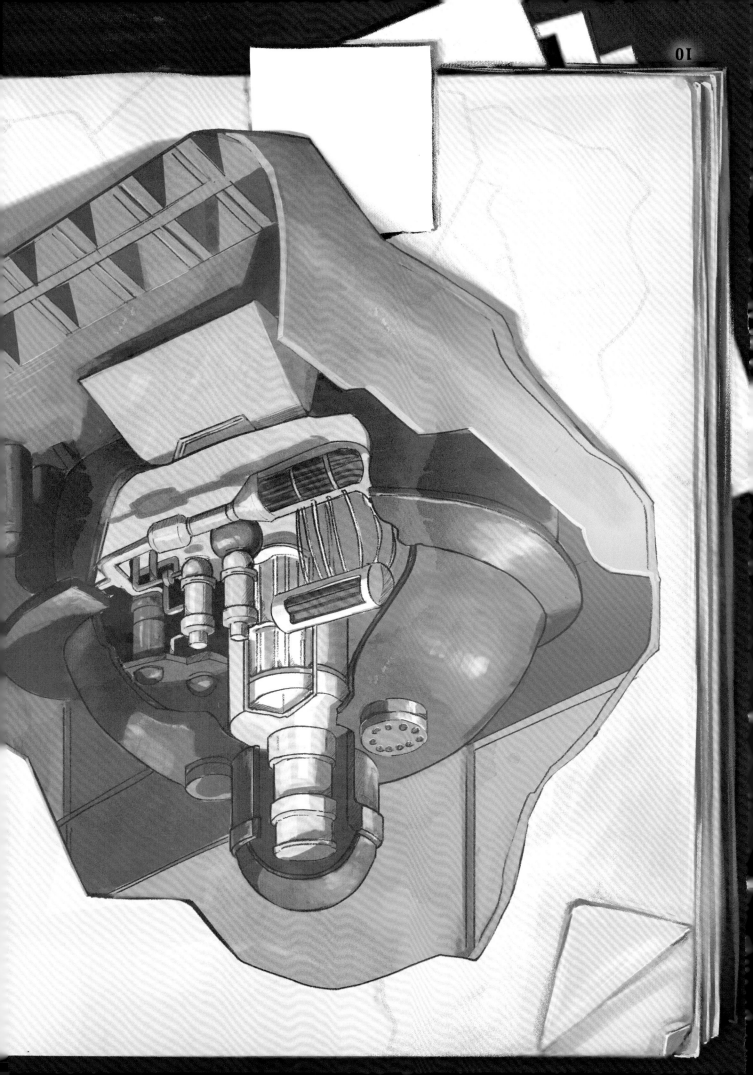

核潜艇的核心

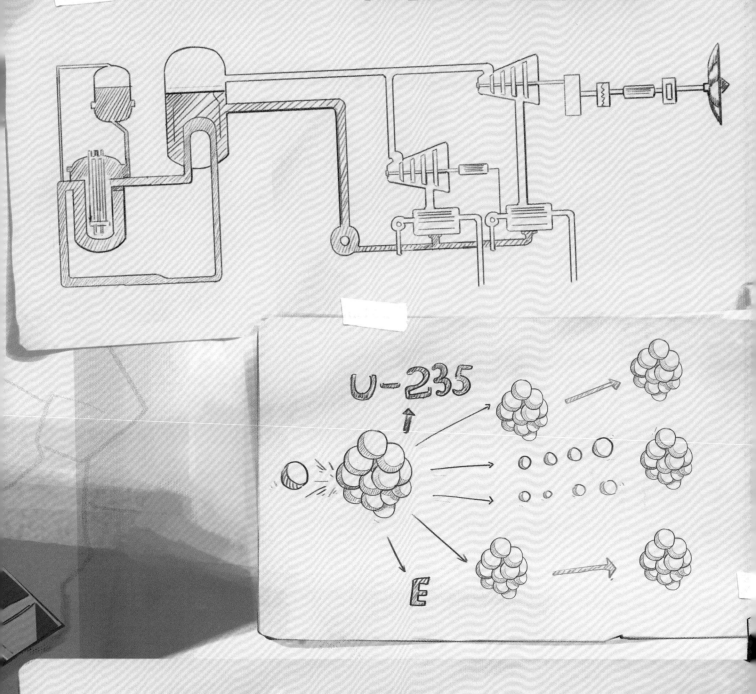

U-235

E

可控链式核裂变反应

当一个易裂变的原子核(如铀-235 的原子核)吸收一个中子时，会裂变成两个较轻的原子核，这一过程释放出大量能量，并产生两到三个新的中子，这些中子可以使其他铀-235 原子核继续发生裂变，裂变反应会像锁链一样持续下去，因此被称为链式反应。人们通过调节中子的数量来控制链式裂变反应的反应速率，使反应释放的能量维持在稳定状态，这就是可控链式核裂变反应。

从今天开始，
这艘核潜艇将沿着特定航线驶入预定海域，
进行为期 40 天的军事演习。
在这 40 天里，
它将始终在水下潜行，不再浮出水面。

不分昼夜的生活

核潜艇航行期间是全封闭的，艇员们的水下生活包含训练演习、睡觉休息和生活娱乐。

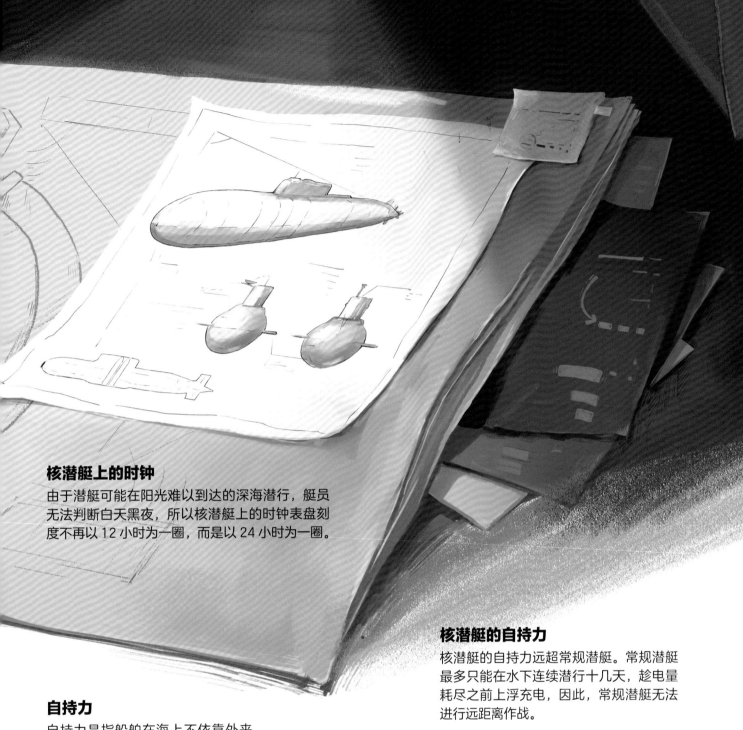

核潜艇上的时钟

由于潜艇可能在阳光难以到达的深海潜行，艇员无法判断白天黑夜，所以核潜艇上的时钟表盘刻度不再以 12 小时为一圈，而是以 24 小时为一圈。

核潜艇的自持力

核潜艇的自持力远超常规潜艇。常规潜艇最多只能在水下连续潜行十几天，趁电量耗尽之前上浮充电，因此，常规潜艇无法进行远距离作战。

自持力

自持力是指船舶在海上不依靠外来补给，仅靠船员的耐力和可靠的设备连续航行的时间。

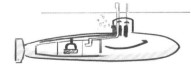

19 世纪末，通气管潜艇的问世使潜艇的自持力较以前有了显著提升。

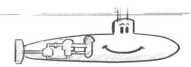

核动力潜艇与通气管潜艇相比，自持力又有了进一步飞跃。

中国的核潜艇曾创下水下自持力的世界纪录，达到了惊人的 90 昼夜。

13

核潜艇在人迹罕至的水下，
按照定位导航潜行。

突然，声呐兵探测到位于核潜艇 32° 方位的海面上
出现了一个目标噪声，
经声呐兵判别，为"敌舰"目标。
艇长接收信号后，发出战斗警报指令，
下令：鱼雷攻击。
操纵员迅速调整核潜艇的潜行深度，
将一枚鱼雷稳稳地发射出去。

"砰————"

随着一声闷响，
鱼雷成功击中目标！
艇长发出指令：

"上浮，观察！"

核潜艇上浮到接近海平面的位置，
观察员升起潜望镜观察目标是否被击沉。

"目标已被击沉！"

潜望镜观察员报告。

"太棒了！"

课目一——搜寻并攻击敌舰完成，
年轻的战士情不自禁地欢呼起来。

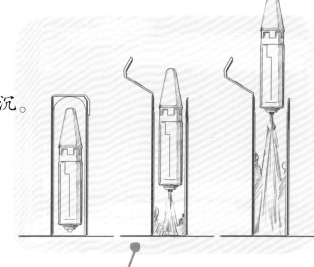

宽敞的内部空间

相较于常规潜艇的瘦小"身材"，核潜艇的内部空间比较宽敞。它
能够装载鱼雷、巡航导弹，甚至战略导弹，这些武器直接从水下发射，
使核潜艇具备二次核打击能力，让敌人闻风丧胆。

核潜艇继续潜行，
正在此时，一个庞然大物慢慢逼近。
难道又有新的"敌情"？

核潜艇的声呐
核潜艇的声呐分为主动声呐和被动声呐。主动声呐发出
信号搜索目标，被动声呐接收水中目标发出的噪声。

哦，不！
通过声呐噪声比对，声呐兵判断，
这一庞然大物竟然是

一头鲸鱼！

鲸鱼发出一阵美妙而令人震撼的叫声，
随后与核潜艇擦身而过。
虚惊一场！
核潜艇告别这头大鲸鱼，
又向下一个目的地驶去。

演习课目二是水下深潜。

经过 25 天的水下长航，

核潜艇终于到达了目标海域。

在艇长的指挥下，核潜艇一点一点下潜。

"下潜 50 米，100 米，一切正常！"

"150 米，200 米，一切正常！"

下潜深度不断增加，操纵员紧盯着自己负责的设备，丝毫不敢放松。

"**继续下潜！**"

艇长沉着地发出指令。

当核潜艇下潜到 400 米时，艇员汇报，各舱水密情况良好。

核潜艇越潜越深。当到达 500 米深度时，核潜艇艇体依然没有异样。

艇长经过确认后长舒了一口气，大声宣布：

"**达到课目设定的深度！**"

核潜艇经受住了极限深度的考验。

太棒了——
战士们已经挑战成功了两个演习课目，
但演习内容可不仅仅如此。
千万不能麻痹大意，
要知道，汪洋之中危机无处不在……

途经一片海域时，
核潜艇突然遭到声呐追踪。
声呐发出的探测声波
在水下持续"跟踪"核潜艇，
情况十分危急。

下潜！

原来这是演习课目三：
红蓝双方对抗演习。
红方的核潜艇要突破蓝方的封锁，
同时要在不被发现的情况下
击中目标才算成功。

转向！

摆脱！

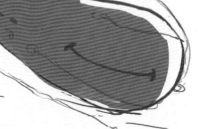

虽然身形庞大，
但在艇长沉稳的指挥、
舵手沉着冷静的操作下，
核潜艇成功摆脱了蓝方的声呐追踪。

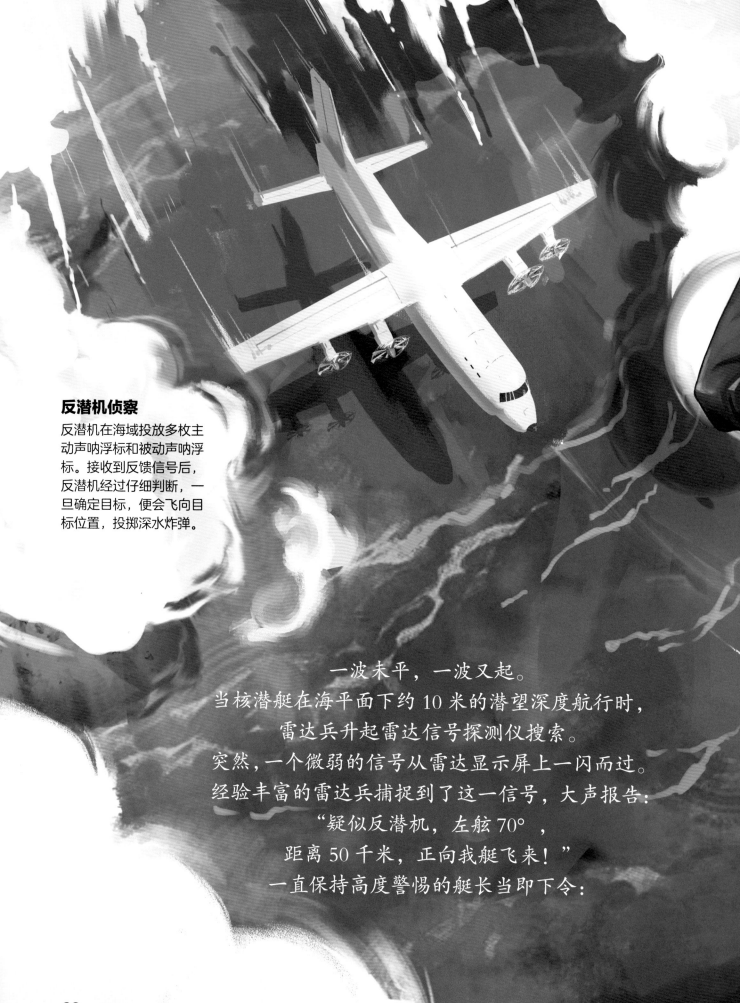

反潜机侦察

反潜机在海域投放多枚主动声呐浮标和被动声呐浮标。接收到反馈信号后，反潜机经过仔细判断，一旦确定目标，便会飞向目标位置，投掷深水炸弹。

一波未平，一波又起。
当核潜艇在海平面下约 10 米的潜望深度航行时，
雷达兵升起雷达信号探测仪搜索。
突然，一个微弱的信号从雷达显示屏上一闪而过。
经验丰富的雷达兵捕捉到了这一信号，大声报告：
"疑似反潜机，左舷 70°，
距离 50 千米，正向我艇飞来！"
一直保持高度警惕的艇长当即下令：

"紧急下潜！"

10分钟后，

"轰——"

一架反潜机掠海而过。
由于核潜艇早有准备，
这架反潜机一无所获，悻悻而去。
刚刚从海面发出的声呐噪声，
正是来自这架反潜机投掷的声呐浮标。
核潜艇冲破蓝方反潜舰队的重重包围，
终于稳稳地发射了一枚鱼雷，成功击中蓝方目标。

经过一连串的军事较量，
核潜艇和艇员们有惊无险地来到了指定海域。
在这里，艇员们将发动"终极一击"，
向最后一个演习课目——水下发射战略导弹发起挑战。
核潜艇放慢了潜行速度，并开始缓缓上浮。
当它以低速航行在水下时，艇长下令——

发射！

"砰————"

均压、注水，
装载导弹的发射筒的耐压盖弹开了。

"嘀嗒……"

指挥舱里，大家都屏住了呼吸。

"嘀嗒，嘀嗒……"

装载在发射筒里的战略导弹
被推出发射筒。

"嘀嗒，嘀嗒，嘀嗒……"

战略导弹迅速以 45° 角冲出水面。

"导弹出水！"

导弹尾部的固体火箭发动机点火，
推动战略导弹飞出大气层。
多级火箭相继分离，将弹头推进轨道，
使其达到每小时数千米的飞行速度，侦测并锁定目标。
当接近目标时，战略导弹再次进入大气层，直奔目标海域。

砰——

砰——

4枚弹头在高空分离后向着目标飞去，
精准地击中了目标海域。

终极一击，成功！

虽然完成了终极挑战，
但为了完成最基本的任务——水下长航，
战士们的水下生活还将继续。
他们需要再坚持 9 天，
才能返回始发军港。

经历了一连串的任务考验，
艇员们终于可以暂时休息一下了。
随队的军医中有一名心理医生，
随时关注着艇员的心理状态。

为了帮助艇员适应没有阳光的生活，
核潜艇上专门配备了"人造小太阳"。
经过短暂的照射，
艇员能舒缓一下心情。

核潜艇上的"人造小太阳"

由于核潜艇长时间潜在水下，艇员无法接受到紫外线的照射，这会对健康造成一定影响。因此核潜艇上配备了"人造小太阳"，它能够模拟太阳光，并发出紫外线。每过一段时间，艇员就会去接受照射。

经过 40 天的水下航行，
核潜艇的"脑袋"终于从安全海域里冒了出来，
核潜艇慢慢地靠近始发军港。

在码头守候多时的战友们早已在列队迎接凯旋的艇员们了。
艇员们一眼便望见了久违的阳光，
还有在空中迎风飘扬的五星红旗。